A a

Apple

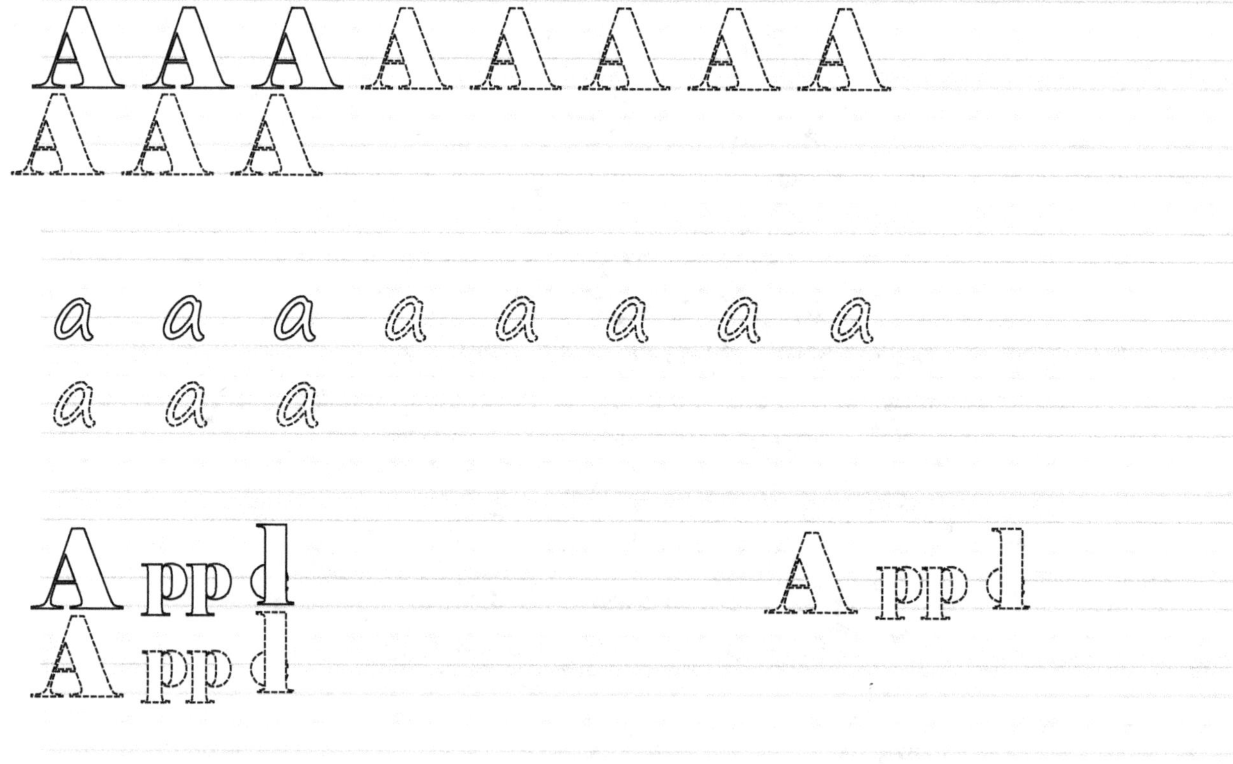

B b

Bee

B B B B B B B B
B B B

b b b b b b b b
b b b

Bee Bee
Bee

Cc

Cat

C C C C C C C C
C C C

c c c c c c c c
c c c

Cat   Cat
Cat

Dd

Dog

E e

Elephant

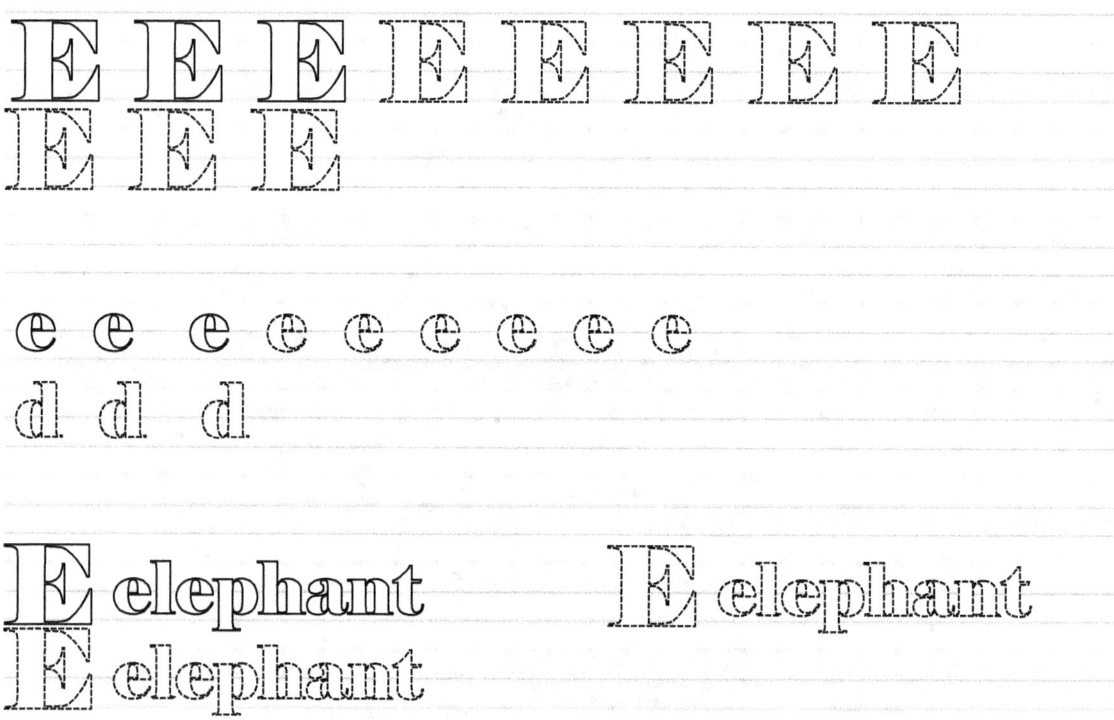

F f

Frog

F F F F F F F

F F F

f f f f f f f f f

f f f

Frog

Frog

Frog

G g

Goat

G G G G G G G G G
G G G

g g g g g g g g g
g g g

Goat   Goat
Goat

H h

Horse

I i

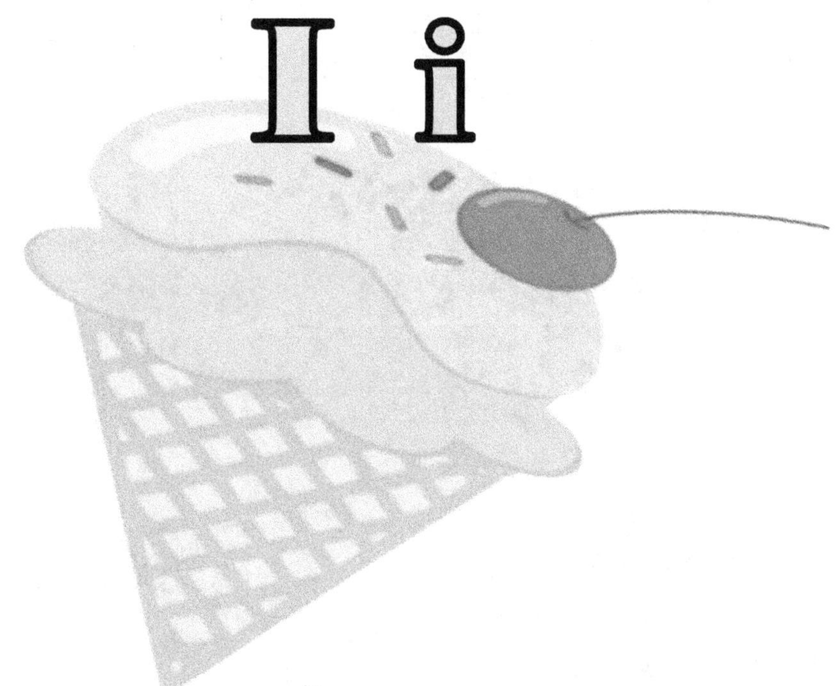

Ice cream

J j

Jellyfish

J J J J J J J
J J J

j j j j j j j j j
j j j

Jellyfish   Jellyfish
Jellyfish

K k

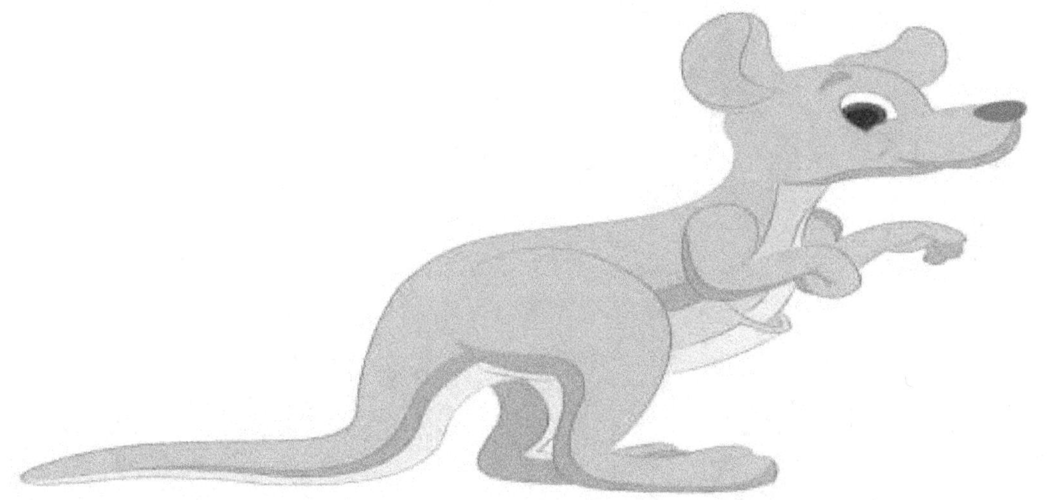

Kangaroo

K K K K K K K K K
K K K

k k k k k k k k
k k k

Kangaroo   Kangaroo
Kangaroo

L l

Lemon

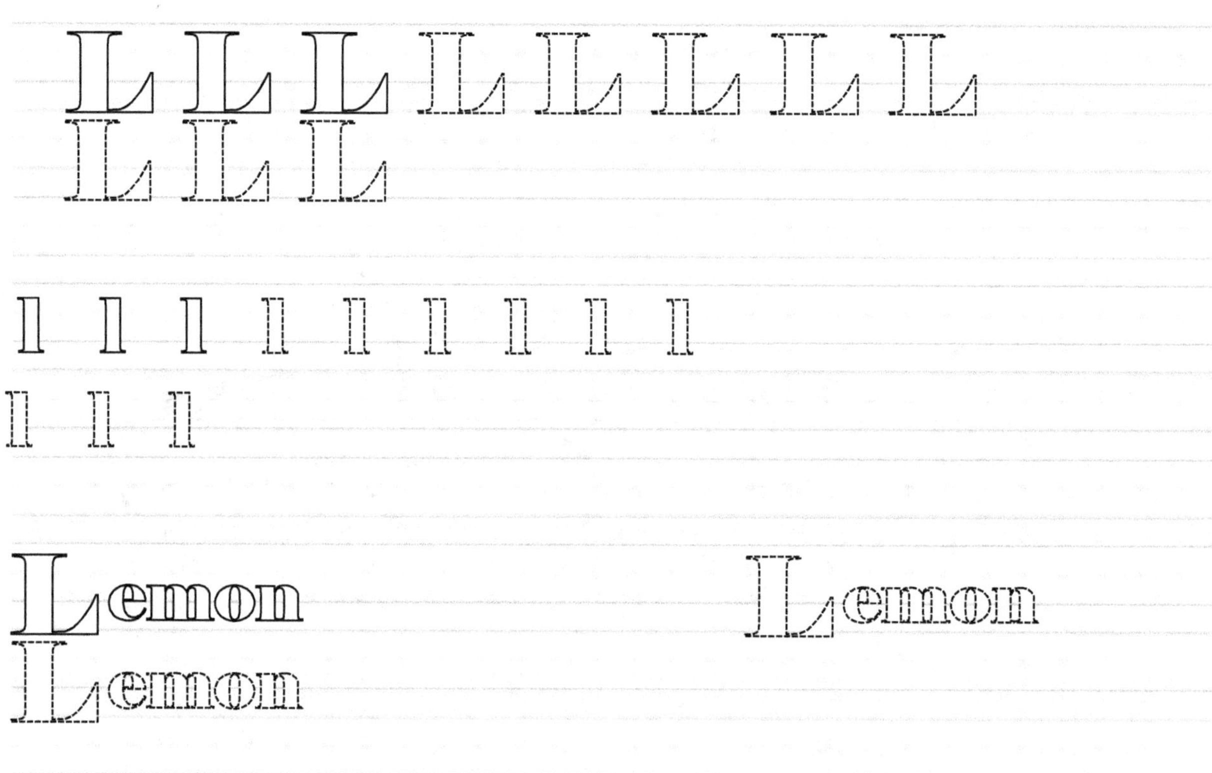

M m

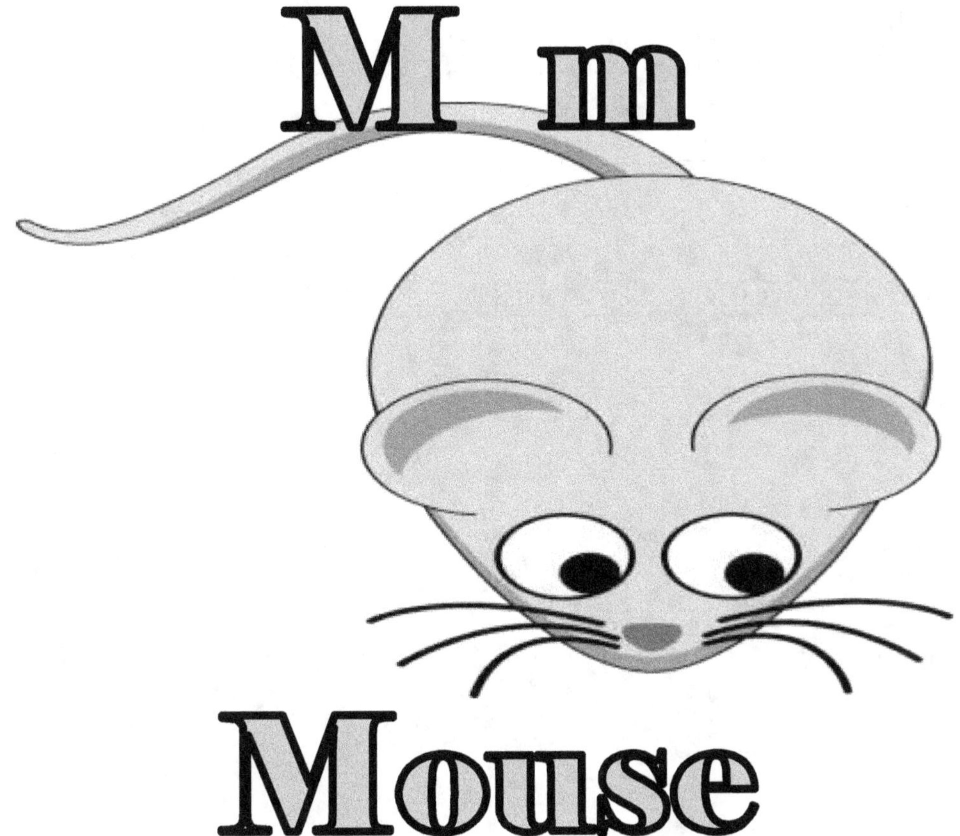

Mouse

M M M M M M M
M M M

m m m m m m m m
m m m

Mouse   Mouse
Mouse

N n

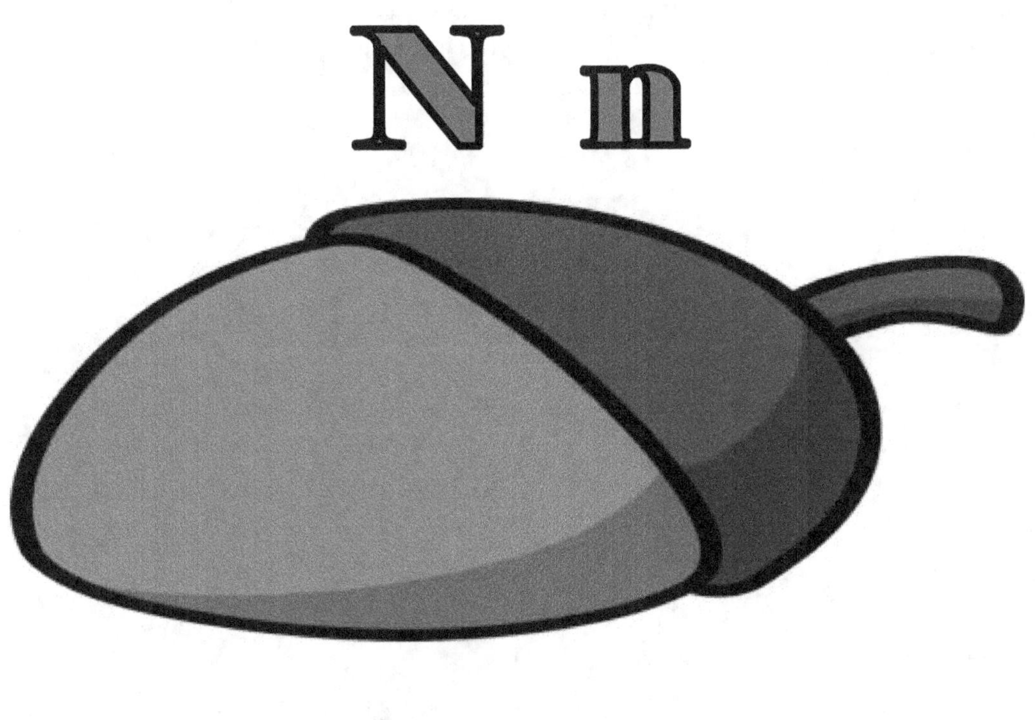

Nut

NNNNNNN
NNN

n n n n n n n n n
n n n

Nut   Nut
Nut

Orange

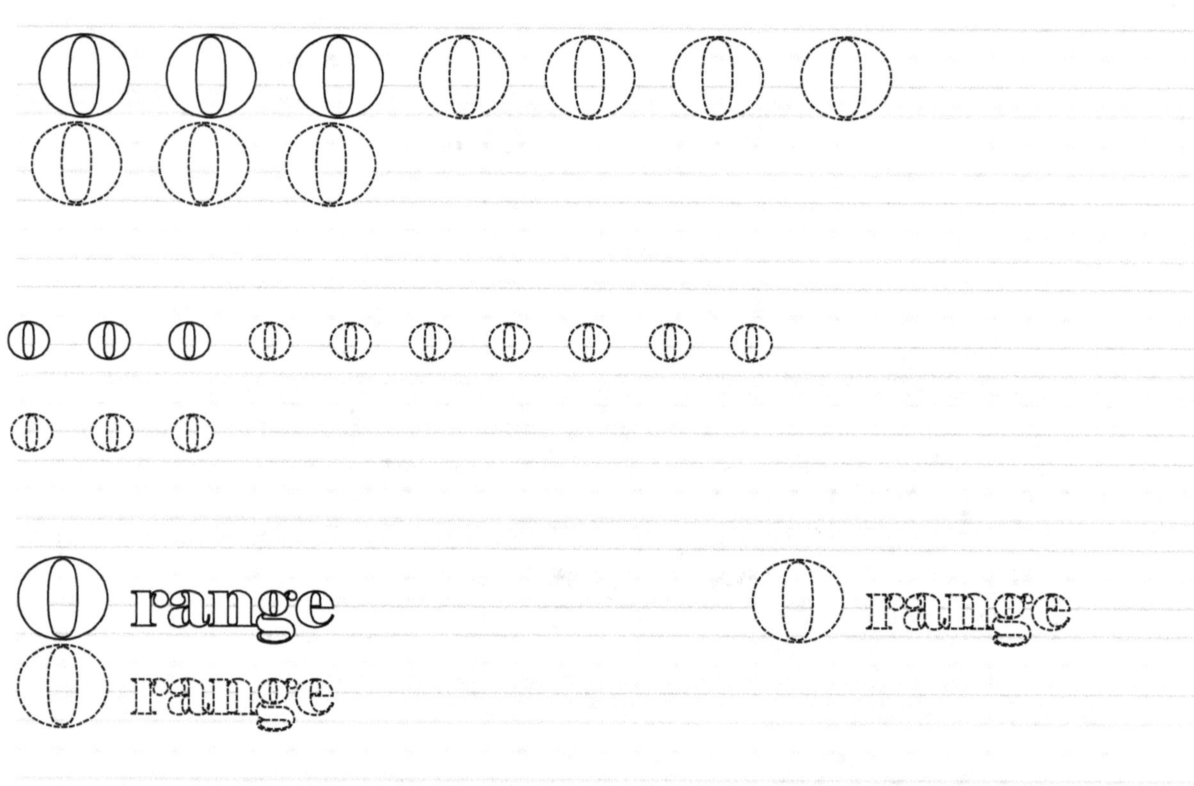
Orange
Orange
Orange

P p

Panda

P P P P P P P P
P P P

P P P P P P P P
P P P

Panda   Panda
Panda

Q q

Queen

Queen

Queen

Queen

R r

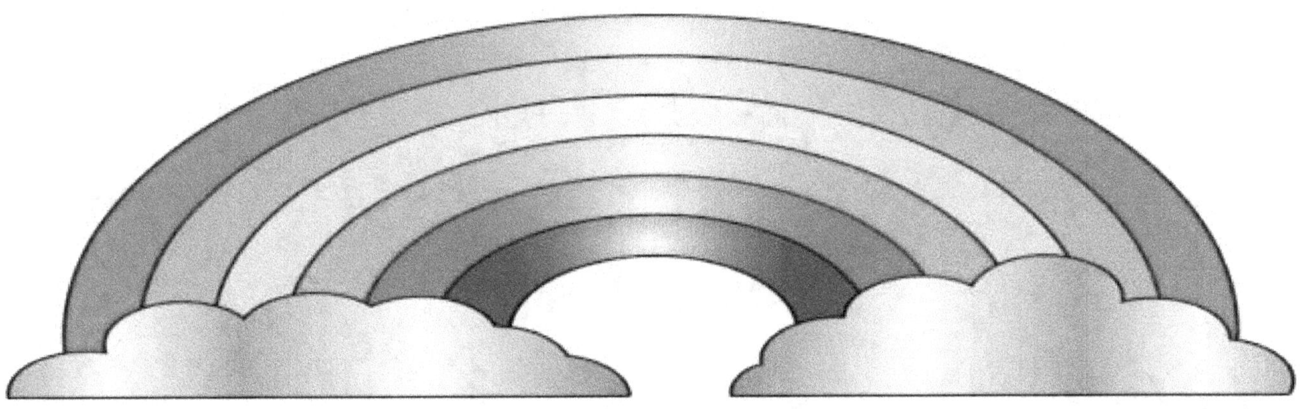

Rainbow

RRRRRRRR
RRR

r r r r r r r r r
r r r

Rainbow   Rainbow
Rainbow

S s

Sun

T t

Tree

TTTTTTTT

ttttttttt
ttt

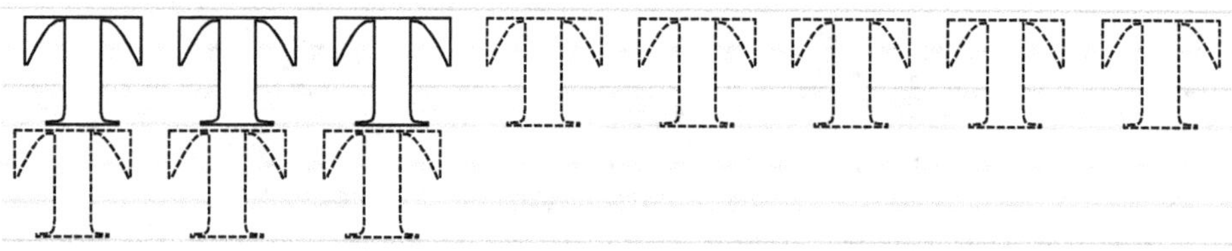

U u

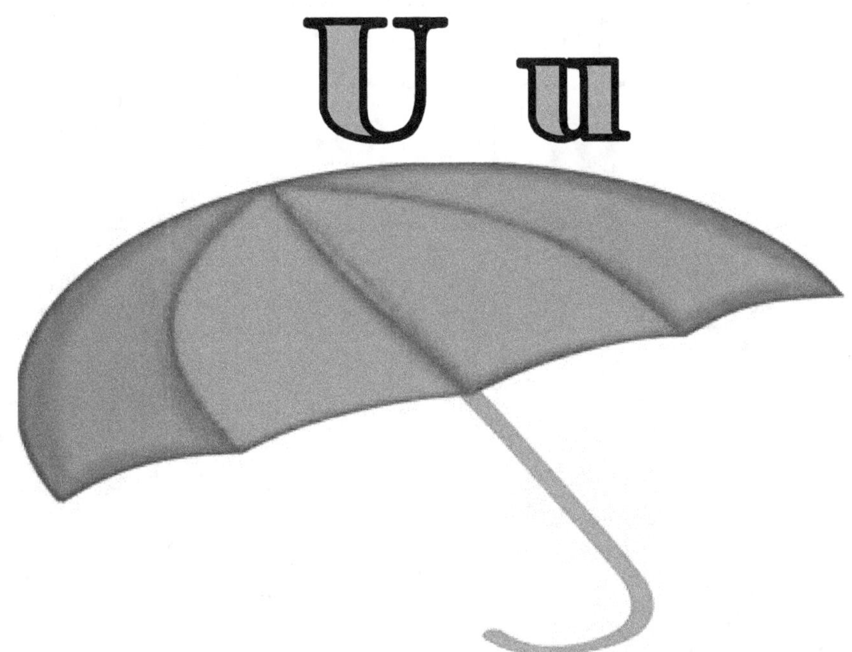

Umbrella

U U U U U U U
U U U

f f f f f f f f f
f f f

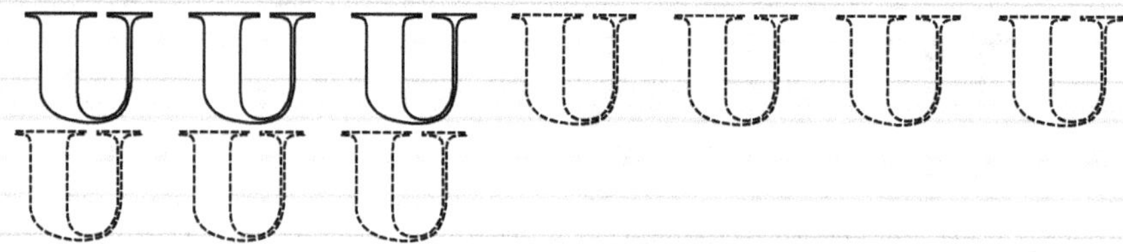

Umbrella   U embrella
U embrella

V v

Van

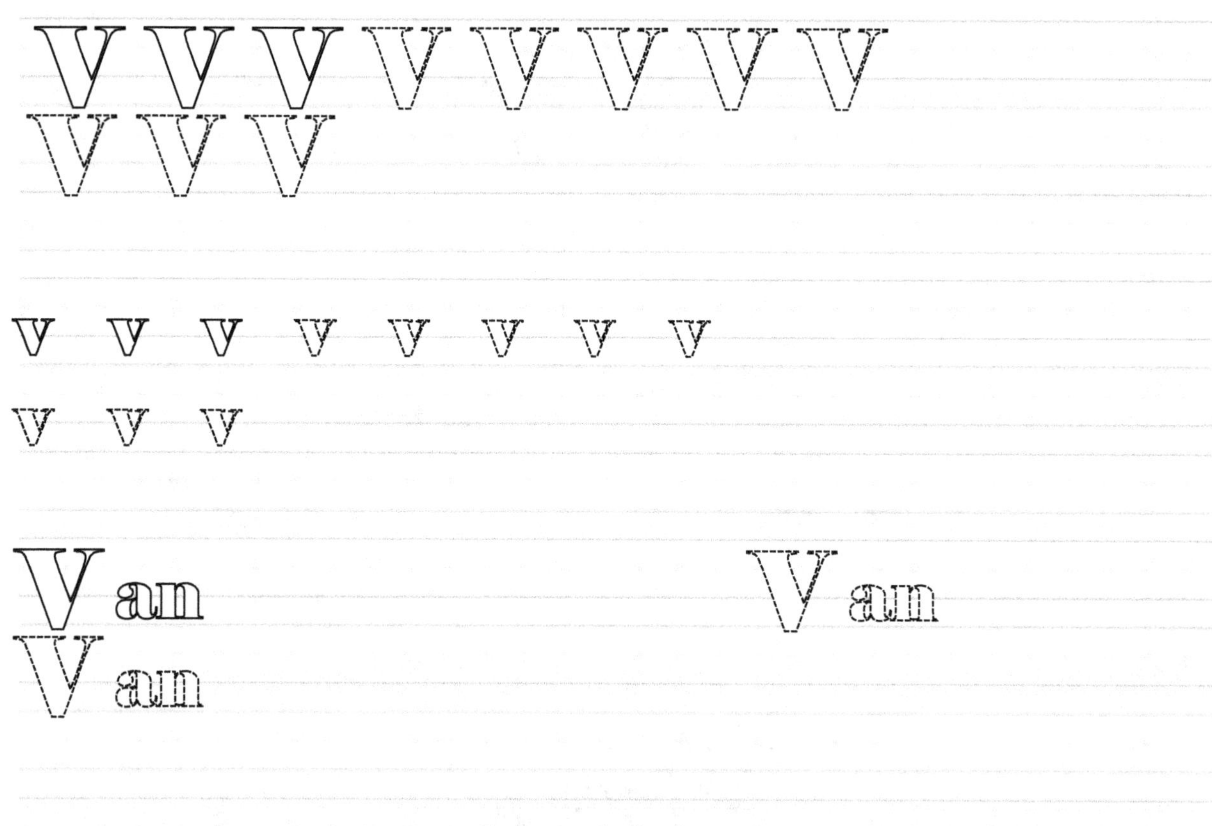

W w

Whale

X x

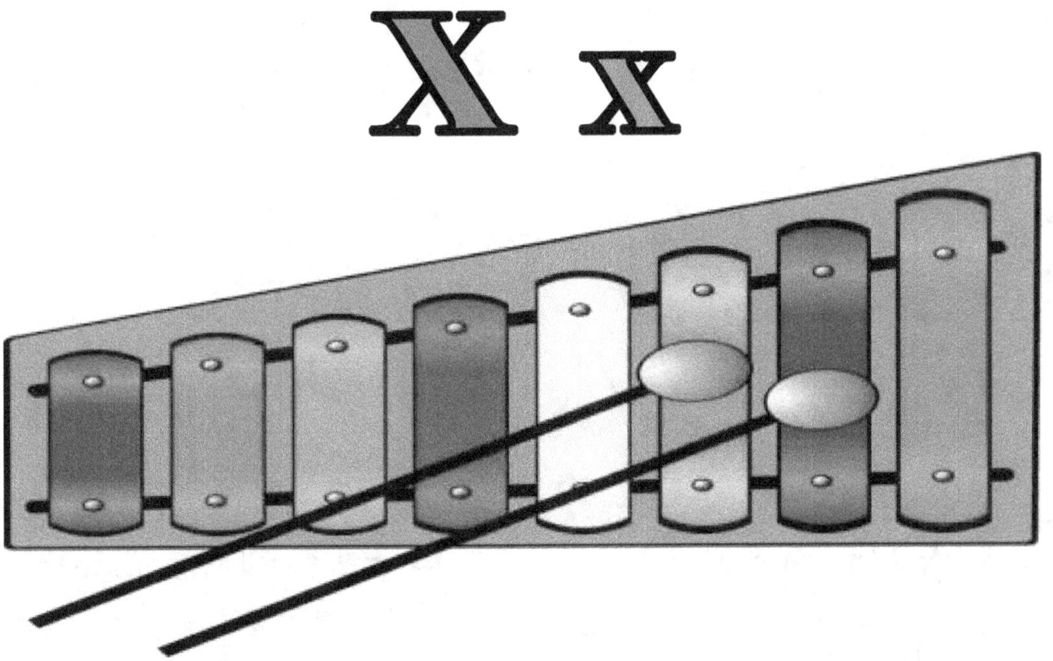

Xylophone

XXX XXXXX XX
XXX

X X X X X X X X
X X X

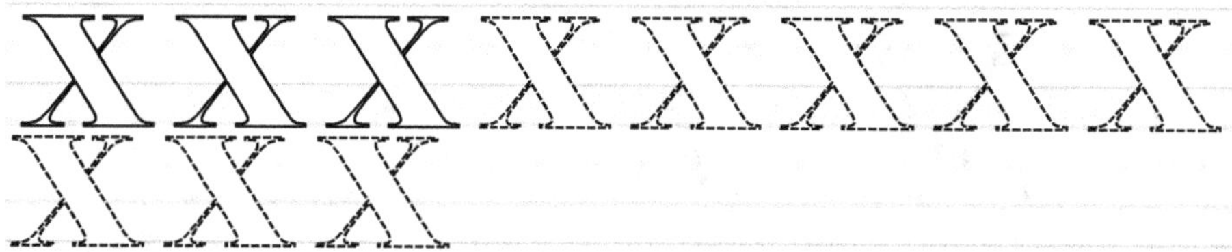

Xylophone   Xylophone
Xylophone

Y y

Yoyo

Z z
Zebra

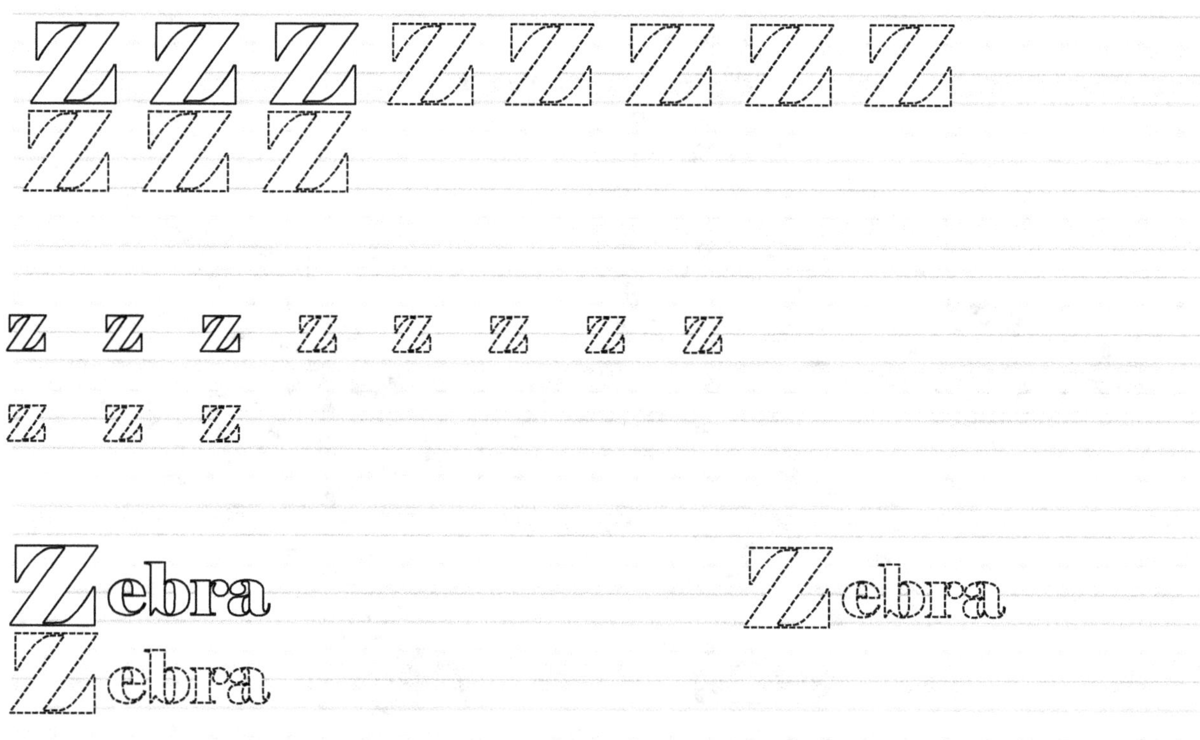

9 7 9 8 6 4 2 2 2 2 8 1 2